城市暴雨洪涝防治 50 问

杨芳 胡晓张 宋利祥 陈睿智 张迪 等 编著

中国水利水电出版社
www.waterpub.com.cn
·北京·

内 容 提 要

　　本书是一部宣传城市暴雨洪涝灾害治理相关理念与技术方法的科普读物。本书围绕"洪涝共治""洪涝灾害韧性防御"等核心观点进行阐述，主要内容包括城市洪涝基础知识、城市防洪排涝体系、城市洪涝灾害治理中的疑惑、城市洪涝治理新理念、城市洪涝防治新技术、城市洪涝灾害应对新措施、公众如何应对洪涝灾害等七个专题50个问题及对应解答。每个问题下配有自绘插图方便读者理解，并配有微视频《"洪涝共治"让城市不再"看海"》，在具有一定专业性的同时又通俗易懂。

　　本书主要面向具有一定专业基础的水利行业从业人员、高校相关专业的学生，同时也可作为中学生及高校学生课外扩展学习的读物以及普通民众的科普读物。

图书在版编目（CIP）数据

城市暴雨洪涝防治50问 / 杨芳等编著. -- 北京：
中国水利水电出版社，2022.5
ISBN 978-7-5226-0678-1

Ⅰ．①城… Ⅱ．①杨… Ⅲ．①城市－暴雨－水灾－灾
害防治－问题解答 Ⅳ．①P426.616-44

中国版本图书馆CIP数据核字(2022)第073487号

书　　名	**城市暴雨洪涝防治 50 问** CHENGSHI BAOYU HONGLAO FANGZHI 50 WEN
作　　者	杨芳　胡晓张　宋利祥　陈睿智　张迪　等 编著
出版发行	中国水利水电出版社 （北京市海淀区玉渊潭南路 1 号 D 座　　100038） 网址：www.waterpub.com.cn E - mail：sales@mwr.gov.cn 电话：(010) 68545888（营销中心）
经　　售	北京科水图书销售有限公司 电话：(010) 68545874、63202643 全国各地新华书店和相关出版物销售网点
排　　版	中国水利水电出版社微机排版中心
印　　刷	北京印匠彩色印刷有限公司
规　　格	170mm×240mm　16 开本　5.75 印张　55 千字
版　　次	2022 年 5 月第 1 版　2022 年 5 月第 1 次印刷
印　　数	0001—1000 册
定　　价	**38.00 元**

前　言

近年来，在全球气候变化和城市化进程加快的背景下，我国城市洪涝灾害问题日趋严重，"城市看海"现象频发，已成为影响城市公共安全的突出问题和制约社会经济可持续发展的重要因素。作者认为，城市洪涝灾害之所以久治不愈，其中有一个很容易被忽视的因素，那就是相关行业的从业人员尚未完全对洪涝防治的一些基本理念形成共识，虽然做了很多工作，却没有解决实际问题。鉴于该情况，珠江水利科学研究院洪涝灾害防御团队编写此科普图书，旨在向相关从业人员普及科学的洪涝防治理念，以实际行动响应习近平总书记"科技创新、科学普及是实现创新发展的两翼，要把科学普及放在与科技创新同等重要的位置"的重要指示，贯彻落实水利部、共青团中央和中国科学技术协会关于加强水利科普工作的重要部署。

面对分布广泛、专业不一、层次不同的受众，若以传统专业书的形式进行洪涝防治理念的普及显得枯燥乏味、难以理解，推广的范围也受到限制。经过本书编制组成员的多次讨论后，一致认为以形象生动、通俗易懂的卡通科普画册及网络上流行的微视频为载体，结合线上、线下等多种流通渠道和信息传播媒体，可以有效避免信息传递偏差，精确锁定、迅速覆盖目标受众，精准高效地开展科学普及工作。基于该想法，编制组完成了本书及配套科普微视频的制作。

本书以珠江水利科学研究院陈文龙院长在长期洪涝治理实践工作中总结出来的"洪涝共治"理念为核心，分七个专题以 50 个问题及对应解答，从城市洪涝基础知识和城市防洪排涝体系基本概念科普，到对城市洪涝灾害治理中常见的疑惑解答，再到对近年来城市洪涝治理中出现的新理念、新技术、新措施分别介绍，最后以公众应对洪涝灾害时的一些注意事项收尾，配合《"洪涝共治"让城市不再"看海"》科普微视频，对本书的核心观点进一步阐述，环环相扣，突出重点，将洪涝灾害防治中的关键问题系统地呈现给读者。其中微视频有着简洁且直观的动画讲解，使科普更加生动形象，增强了阅读的趣味性。

在本书的编写过程中，西安工程大学侯辰蕊负责图书的插图绘制工作；珠江水利科学研究院洪涝灾害防御所的刘培、刘壮添、王汉岗、张炜等提供了大量宝贵的意见，李岚斌、刘晋、张印、王未、林枫等全过程参与了科普微视频的制作，在此一并表示感谢！

因作者水平有限，书中错误与疏漏之处在所难免，敬请读者批评指正。

作者
2022 年 3 月

"洪涝共治"
让城市不再"看海"
科普微视频

目 录

专题四 城市洪涝治理新理念

专题五 城市洪涝防治新技术

参考文献

专题一

城市洪涝基础知识

什么是洪？什么是涝？

　　广义洪水是指暴雨、急剧融冰化雪、风暴潮等自然因素引起的江河湖泊水量迅速增加，或者水位迅猛上涨的一种自然现象。广义内涝是指由于强降水或连续性降水超过城市排水能力致使城市内产生积水灾害的现象。洪与涝之间没有明显的界限。

▲　洪水

在城市地区，与外洪相对的是城市洪涝。城市洪涝是指本地降雨引起的地面水不能及时排出或河道水位漫过堤顶造成的水淹。

▲ 内涝

2 洪涝灾害等级有哪些？

　　一般情况下，场次洪涝灾害分为四个级别，即特别重大洪涝灾害、重大洪涝灾害、较大洪涝灾害和一般洪涝灾害；年度洪涝灾害分为四个等级，即特别重大洪涝灾害年、重大洪涝灾害年、较大洪涝灾害年和一般洪涝灾害年。

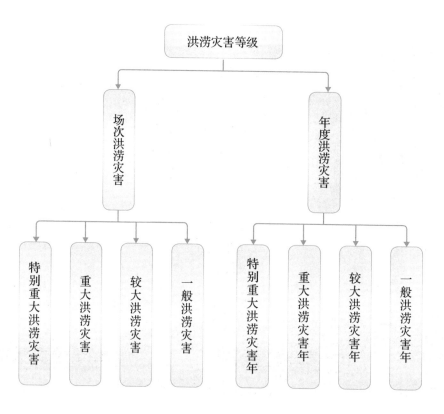

洪涝灾害等级划分

城市洪涝灾害有哪些影响？

城市洪涝灾害造成的影响主要包括人员伤亡、城市固定资产损失、损坏城市命脉系统等直接影响及产生次生效应等方面。

（1）人员伤亡是城市洪涝灾害最大影响。据统计，2021年全国洪涝灾害受灾人口 5901 万人，因灾死亡失踪 590 人。

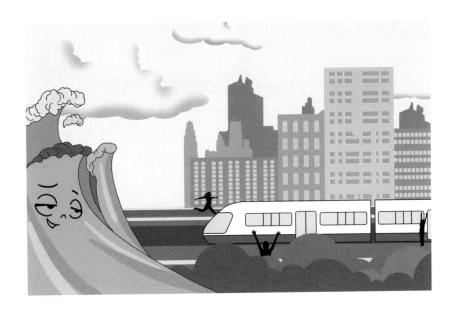

 城市洪涝灾害造成巨大损失

（2）城市洪涝灾害会造成住宅、公共设施、商业建筑、交通工具及建筑内财产等城市固定资产损失。据统计，2021年全国洪涝灾害造成房屋倒塌15.2万间，直接经济损失2458.9亿元❶。

（3）城市洪涝灾害会损坏城市交通、供水、供电、供气系统以及通信、网络系统等命脉系统。城市洪涝灾害会造成铁路中断、公路中断、机场和港口关停、供电线路中断、通信中断等严重后果。

（4）城市洪涝灾害会引起环境破坏，带来公共卫生问题，造成城市居民心理恐慌和社会秩序短时间混乱等一系列次生效应。

---

❶ 数据来源：中华人民共和国应急管理部官网《2021年全国自然灾害基本情况》。

4 城市洪涝灾害有什么特征？

城市洪涝灾害的特征包括损失大、突发性强、致灾快、洪涝交织。

（1）损失大。对于人口密度、GDP 高的城市地区，一旦发生暴雨洪涝灾害，将造成人员伤亡、经济损失、城市基础设施受损以及系列次生灾害。

（2）突发性强。城市地区下垫面复杂，易出现局部范围突发性的强对流天气，引发短历时强降雨，这类突发性暴雨前期征兆不明显、影响系统复杂、预报难度大。

城市洪涝灾害威胁人身财产安全

（3）致灾快。城市化改变了地表天然的产汇流条件，天然调蓄水体锐减、不透水地面比例增加、天然汇水格局改变，导致地表产流量加大、汇流速度加快，短历时强降雨和城市化影响叠加，形成"脉冲式"暴雨洪水，致灾速度极快。

（4）洪涝交织。城市暴雨洪涝防御工程体系包括市政小排水和水利大排水系统。城市洪涝防御系统是一个有机整体，呈"流域树"结构。暴雨径流按"水往低处流"的规律在"流域树"运动，洪涝无明显界限，相互交织。

5 城市洪涝灾害的成因是什么？

城市洪涝灾害的成因可简化为"天—地—管—河—江"城市暴雨洪涝全过程。其中"天"和"江"是城市洪涝的外因，"地""管""河"是内因。

（1）"天"指短历时、强降雨频发。在全球变暖的背景下，极端暴雨频发，高度城市化引发的"热岛效应"和"雨岛效应"导致城市短历时强降雨更加频繁，强度更大。超标准降雨是城市洪涝灾害的主要成因。

（2）"地"指下垫面硬化，调蓄空间减少。快速城市化导致原本标准偏低的城市洪涝防御系统的防御能力进一步下降。城市化快速扩张过程中，原有的农田、绿地、水系（池塘、河道、湖泊）等透水、蓄水性强的"天然调蓄池"被占用、填平，被不透水的"硬底化"水泥地面所取代。

（3）"管"指城市内涝防治标准普遍偏低。地下管网排水系统难以达到良好地削减洪峰的效果，雨水径流量会大大超出管网排水系统的输送能力，除了部分进入管网排出外，其余"超标"的雨水会沿地表漫流，城市内将产生区域性的内涝。

（4）"河"指内河防洪排涝能力不足。和管网一样，首先是设计标准偏低。许多河道防洪排涝标准不足 10 年一遇，个别河道达不到 5 年一遇，和国际大都市相比存在较大差距，如东京、纽约都达到了 50～100 年一遇。除了设计标准偏低外，河道的管理问题也是重要原因。

（5）"江"指外江高潮位顶托。发生天文大潮、台风暴潮或流域性大洪水时，外江高水位顶托会使得城市内河的洪水不能及时排入外江，河道长时间维持高水位，使排水管网的排水能力大幅度下降，容易出现内涝。

▲ "天—地—管—河—江"城市暴雨洪涝全过程

专题二

城市防洪排涝体系

6

城市暴雨洪涝防御体系由什么构成？

　　城市暴雨洪涝防御体系包括工程防御体系和非工程防御体系。工程防御体系由水利排涝系统即大排水系统、市政排水系统即小排水系统以及城市海绵系统等组成。非工程防御体系是指通过法令、政策、经济调节和防洪工程以外的技术等，通过监测、预报、预警、调度等手段来减轻洪水灾害损失的措施，统称为非工程防御体系。

▼　暴雨预警信号等级

7

什么是小排水系统？

　　常将市政排水系统称为小排水系统。小排水系统包括雨水口、雨水管渠、检查井、调节池、雨水泵站等在内的城市排水系统。小排水系统主要通过市政管网将城区较小汇水面积上较短历时的雨水径流排入城市内河。

▲ 城市地下排水管网

8 什么是大排水系统？

　　常将水利排涝系统称为大排水系统。大排水系统由地表通道、地下大型排放设施、地面的安全泛洪区域等组成，主要通过城市内河将上游及两岸管网汇集的区域雨水径流排入外江。大排水系统是与小排水系统相对的，主要为应对超过小排水系统设计标准的超标暴雨或极端天气特大暴雨的排水系统[1]。

城市排水河道

9 什么是海绵城市？

海绵城市[2]是指城市能够像海绵一样，在适应环境变化和应对自然灾害等方面具有良好的"弹性"，下雨时吸水、蓄水、渗水、净水，需要时将蓄存的水释放并加以利用，实现雨水在城市中自由迁移。城市海绵措施主要包括绿色屋顶、雨水花园、透水铺装、下沉式绿地、植草沟、调蓄池等低影响开发措施，采用多级串联或并联方式接入城市排水系统。

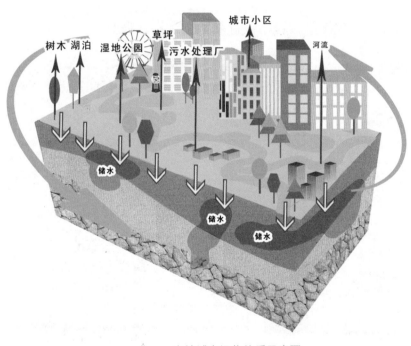

海绵城市运作体系示意图

10 城市防洪排涝工程体系建设标准有哪些?

　　长期以来，由于归属行业的不同，城市海绵和排水系统标准由市政部门颁布，排涝系统标准由水利部门颁布，两者自成体系，分别用于指导排水和排涝工程规划设计及建设。例如，住房和城乡建设部编制的《室外排水设计标准》（GB 50014—2021）提出了"雨水管渠设计重现期"概念，《城镇内涝防治技术规范》（GB 51222—2017）提出了"内涝防治设计重现期"概念；水利部编制的《防洪标准》（GB 50201—2014）提出了"防洪标准重现期"概念，《治涝标准》（SL 723—2016）中提出了"城市设计暴雨重现期"概念。

城市防洪排涝工程体系建设标准

城市防洪排涝工程体系如何运作？

　　工程防御体系具有流域性，而且呈树状结构，其中城市河网构成"树干"和"树权"，排水区为一片片"树叶"。为了方便理解和应用，将整个防洪排涝体系的运作称为"流域树"[3]。城市防洪排涝体系是河网与排水区组成的有机整体。从纵向看，城市河网上中下游、干支流相互联系，上游流量大，则下游水位高；下游水位高又会顶托上游洪水。从横向看，"地—管—河"相互耦合。地面排水快，管网流量大；管网的水跑得慢，地面水就会来不及排出；管网排水快，则河道下游水位高；河道水位高，管网的水就跑得慢。总的来说，城市防洪排涝系统就是纵向来水和横向来水相互交错的有机整体。

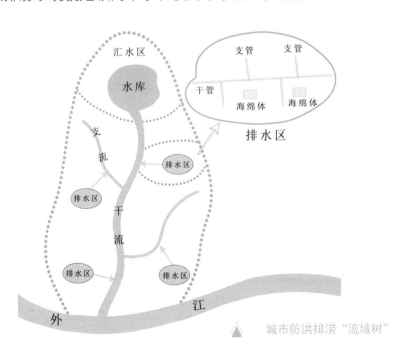

城市防洪排涝"流域树"

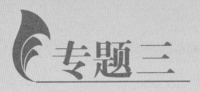

专题三

城市洪涝灾害治理中的疑惑

12 为什么"城市看海"现象越来越多?

随着社会经济的快速发展,"城市看海"现象越来越普遍,主要原因有以下方面:

(1)随着全球气候的急剧变化,水文循环要素也发生时空变化,极端暴雨概率激增。超标准降雨是造成"城市看海"现象的重要原因。

(2)随着我国城市化进程的逐渐加快,城市内的人口数量大量增加,交通运输量加大,建筑群更加密集,城市面积随之也越来越大,导致城市硬化地面增多,雨水不易下渗,路面失去透水功能,原本用于蓄水排水的河渠、河湖和天然湿地等被水泥地占用,可用雨水调蓄空间大面积缩水。

（3）社会发展对城市排水设施的要求也在提升，管道老化、排水标准比较低、排水系统建设管理滞后是造成内涝的另一个重要原因。

"城市看海"现象

13 "百年一遇"洪水是指 100 年中发生一次吗?

"百年一遇"洪水并不是指 100 年中发生一次。"百年一遇"是一个关于频率的概念,意即 1% 概率事件。

水文现象的重现期具有统计平均的概念,不能机械地把它看成多少年一定出现一次;如"百年一遇"的雨量并不是指某地雨量大于等于这个雨量正好 100 年出现一次,事实上也许 100 年中这样的值出现好多次,也许一次也不会出现。只有对长期且大量的统计而言才是正确的。

▲　频繁出现的"百年一遇"暴雨

14 城市洪涝是天灾还是人祸？

　　任何防洪排涝体系都有设计标准，城市洪涝防治标准不可能无限高，极端超标准暴雨产生的灾害是不可避免的。超标准暴雨引起的灾害，是天灾。设计标准内的暴雨产生的洪涝灾害，就是人祸。所以讲洪涝灾害，一定要同时提及设计标准。超标准暴雨产生洪涝是正常的。

▲ 设计标准是关键

"海绵城市"建设到底能不能根治城市洪涝？

讲到洪涝灾害，一定要同时提设计标准。洪涝灾害不存在根治的说法，超标准暴雨产生洪涝是正常的。

海绵城市并不是万能的，它只是城市暴雨洪涝防御体系的一个组成部分。海绵城市是指通过"渗、滞、蓄、净、用、排"等措施，加强城市吸水、蓄水、净水、释水的能力，可以消纳、蓄滞一部分本地的前期雨水，减少排水管网、排涝河道的压力，减轻局部内涝问题。而城市洪涝，需要通过发挥城市暴雨洪涝防御体系整体作用来抵御，而不是仅仅依靠海绵城市措施就可以解决的。

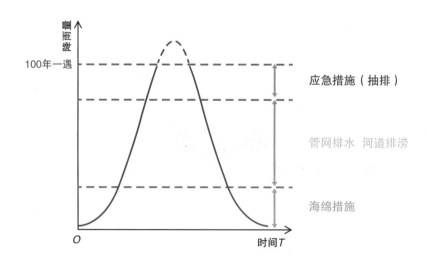

▲ 不同排涝方式应对不同降雨量

16 "洪归洪、涝归涝"的治理方式为何不行？

　　"洪归洪、涝归涝"的治理方式是将洪与涝的治理分开，往往出现一说洪灾，就是拓宽河道、加高堤防；一说涝灾，就是管网改造扩容，忽略了排水、排涝的系统性。城市洪与涝没有绝对的界线。第一，无论是洪还是涝，来源都是内河流域降雨；第二，地下排水管网和内河水系是连通的，水具有连续性和往低处流的特性。洪涝是可以相互转移的，因洪致涝，因涝致洪，洪涝交织。例如，河道水位过高时，会顶托排水管网，出现排水不畅甚至倒灌，因洪致涝。而管网排水过快，又可能导致下游河道水位过高，出现漫溢，因涝致洪。❶ 所以说，"洪归洪、涝归涝"的治理方式无法真正治理洪涝问题，容易犯下"头痛医头脚痛医脚"的错误，应采取洪涝共治的手段。

---

❶　详细过程见《"洪涝共治"让城市不再"看海"》科普微视频。

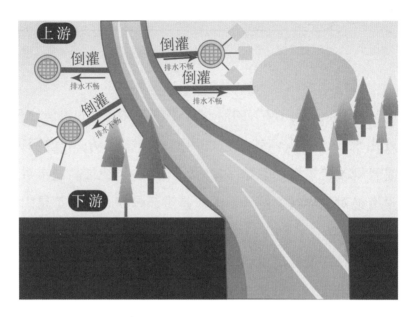

排水管网倒灌，因洪致涝

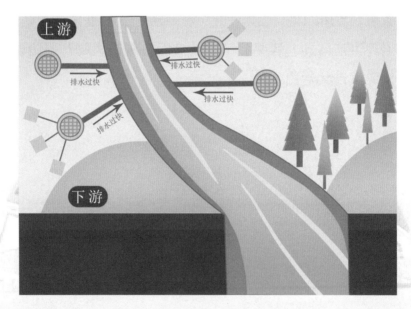

河道水位漫溢，因涝致洪

17 水利、市政标准的差别会导致什么问题？

过去水利和市政是两个独立的行政部门，分属水利专业和城市给排水专业。洪涝设计标准不同，治理对象不同。水利部门擅长"树枝"建设，市政部门擅长"树叶"建设。水利设计中按照流域面积计算产流，假设所有的水都汇到河道；市政排水设计中仅考虑局部排水区的降雨，对河道水位顶托考虑不足，基本上都是假定自流。在实际工作中，往往出现排水排涝"背靠背"即"市政排水不下河，城市排涝不上岸"的问题。这种问题忽略了排水、排涝的连续性，可能导致治理过程中出现市政和水利部门都不管的空白区。如城市里的山，是个重要的产流区，是洪涝的水源，但市政排水仅考虑管网区域头顶的一片天、水利设计仅考虑自身的堤防安全，城中山就变成了两不管的空白区，结果就是发生暴雨、山水进城，导致管网根本无法消受外水，必然内涝。

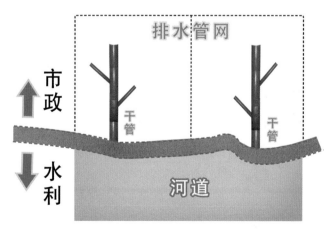

▲ 市政、水利间的鸿沟

对抗性防御有何利弊?

　　对抗性防御是指采用单一措施正面抵抗洪涝威胁的防御方式，最为典型的就是通过一味加高堤防来提高城市防洪标准。这种方式简单直接，工程建设运行维护等环节的成本相对较低，也容易在短期内见到一定的效果。但也存在一定的弊端：一是洪涝灾害问题是一个系统性问题，单一措施难以做到标本兼治，往往解决了旧问题，又引发新问题，如堤防加高，会引起地表排水不畅、河道水位过高顶托管网等问题；二是单一措施的脆性较强，一旦超过工程设防标准，出现险情，如堤防溃堤，容易引起雪崩式的灾难，后果不堪设想。

▼　对抗性防御单一脆弱

19 洪涝治理让路城市开发会出现什么问题？

洪涝治理让路城市开发，会导致原本标准偏低的城市洪涝防御系统能力进一步下降，难以实现内涝防治标准大幅提升。

（1）快速城市开发导致城市洪涝防御能力被动下降。城镇化快速扩张过程中，原有的农田、绿地、水系（池塘、河道、湖泊）等透水性、蓄水性强的"天然调蓄池"被占用、填平，被不透水的"硬底化"水泥地面所取代，原有的行洪调蓄空间被挤占。

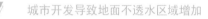

城市开发导致地面不透水区域增加

（2）城市化导致地表径流系数加大，同量级的降雨产汇流时间缩短，流量显著增加，洪峰形成加快，径流峰型趋"尖瘦"化。原本标准偏低的城市洪涝防御系统能力将进一步下降，加剧城市洪涝灾害。

（3）城市建设改变了城市汇水格局，如铁路、道路的建设，切断几十公里自然状态的天然排水路线，道路两侧仅仅依靠涵洞连通，汇水格局发生质的改变，汇流由"线"变"点"，极大地增加了上游发生内涝的概率。

以行政区为单元的治理方式的局限在哪里?

　　城市洪涝的发生往往是以流域为单元的。一般情况下流域集雨面积不大，流域大范围同时降雨的可能性很大。洪涝同源于"同一片天"降到"同一片流域"的雨。当以行政区为单元治理时，不少城市河涌横跨多个行政区域，但防洪排涝工程的管理和调度又分属不同行政部门，遇到流域性洪水，难以统一调度、统一指挥。因此，城市洪涝灾害治理要以流域为单元。

▼　　同一片流域包含不同行政区域

专题四

城市洪涝治理新理念

新时期城市洪涝治理理念有哪些转变？

新时期洪涝治理理念应与新时期发展相符合，应根据我国城市建设现状与社会经济发展的实际情况，做出相应转变。

01 从"洪涝分治"向"洪涝共治"转变。

02 从"各自达标"向"整体达标"转变。

03 从"对抗性防御"向"韧性治理"转变。

04 从"让路城市开发"向"以水定城"转变。

05 从"以行政区为单元"向"以流域为单元"转变。

什么是洪涝共治？

　　城市洪涝治理要树立"洪涝同源，同一片流域，同一片天"的流域系统整体观。洪涝共治要求市政和水利共同分摊片区洪峰流量和径流总量，同时同步、统筹开展防洪排涝与排水规划，实现小排水系统和大排水系统同步一体化规划。由水利、市政各自达标转变为统筹治理，"手拉手"共同制定的方案才能整体解决城市内涝问题，实现共同达标。

▲　市政和水利"手拉手"

为什么要系统达标？

要做到整体达标需要统一标准和排水系统的总体规划。

（1）小排水系统和大排水系统同步一体化规划，以避免各自为政导致的边界条件不衔接和工程规模不协调问题。通过统一降雨量、统一降雨时间间隔，兼顾短历时降雨的峰和长历时降雨的量以统一市政排水与水利排涝的设计雨型。

（2）统一设计标准，开展城市洪涝防治规范的制定。针对城市洪涝治理长期以来小排水、大排水设计标准不统一导致工程规模不协调、洪涝风险相互转移等突出问题，将城市防洪（潮）系统、内涝防治系统、排涝系统、排水系统等4个设防标准及目标进行统筹，制定城市洪涝防治规范，提出统一目标下城市洪涝防治规划设计标准选取、数学模型、技术指标等相关规定。

▼ 各自达标转变为系统达标

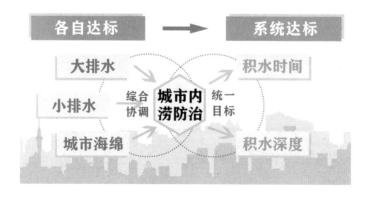

为什么要以流域为单元开展洪涝治理?

城市防洪排涝体系由城市河网和排水区构成,城市河网承泄流域上游天然汇水和城区的市政排水。因为河网具有流域性,所以城市防洪排涝体系也具有流域性。因此,要以流域为单元开展洪涝治理。

城市洪涝治理要树立"同一片流域,同一片天,同一片雨"的流域系统整体观[3]。流域系统整体观包括"流域树"、洪涝同源、洪涝共治等核心内涵。既然洪涝同源于流域降水,而且相生相伴,就必须"流域统筹,洪涝共治"。形象地说,"流域统筹,洪涝共治"就是洪涝治理以流域为单元,把现有的"流域树"培育得更加粗壮、结构更加合理,增加"流域树"的降水承载力。

▲ 同一片流域,同一片天,同一片雨

37

25 城市洪涝治理为什么需要以水定城？

　　以水定城，就是把水资源作为前置刚性约束条件，调整发展规则，视水资源、水生态、水环境的承载力，控制城市发展规模，确定空间布局，调整产业结构，以实现城市的良性运行和可持续发展。

　　在高密度城市化地区，城市开发进程中时常出现挤占现有河道和水务设施空间的现象，所以必须以水定城，打破过去把水当作可以无限索取资源的旧思维，打破水资源必须服从于经济社会增长的旧观念，打破人类征服自然、改造自然以无限制满足城市发展需要的旧理念，把城市发展拉回到尊重自然规律、为可持续发展理性约束的正确轨道上来。

▼　把水作为各行各业的前置刚性约束条件

韧性防御的内涵是什么？

1973年，加拿大生态学家Holling[4]首次提出"韧性"的概念，将其用于表达系统受到外界冲击后，通过自身调节维持正常功能的能力。城市水系统作为城市的重要组成部分，也同样需要通过各种维度的策略以提高自身韧性。

在城市防洪排涝中，韧性防御需要做到多元措施、分散布局。即在整个内河流域尺度充分挖潜治理空间和蓄排潜力，采用蓄排结合的多元措施、布局若干分散工程（如水库挖潜、利用下凹式广场和湿地公园、建设分散式雨水调蓄池、疏通河道、建设排涝泵站、构建路面行洪通道、建设深层隧道等），联动累加、形成合力，构建流域多维共治体系，共同消纳流域暴雨径流。

▼ 多元措施

专题五

城市洪涝防治新技术

什么是数字孪生流域？

数字孪生流域通俗地讲就是在计算机上模拟水利治理管理的活动，以自然地理、干支流水系、水利工程、经济社会信息为主要内容，对物理流域进行全要素数字化映射，并实现物理流域与数字流域之间的动态实时信息交互和深度融合，保持两者的同步性、孪生性。

数字孪生流域在高精度数字流域建模技术、超大规模水文水动力实时动态模拟预报并行计算技术等方面效果显著，可以实现在数字场景中洪水预报调度的动态交互、实时融合和仿真模拟，对城市洪涝防治具有重大作用。

▼ 数字孪生流域模拟

什么是智慧水务？

　　智慧水务是通过新一代信息技术与水务技术的深度融合，充分发掘数据价值和逻辑关系，实现水务业务系统的控制智能化、数据资源化、管理精确化、决策智慧化，保障水务设施安全运行，使水务业务运营更高效、管理更科学和服务更优质。

　　（1）智慧水务系统能够快速采集到地区的雨水情况、水位变化等资源。可参考信息更真实可靠，地区的水资源管控效率更高。

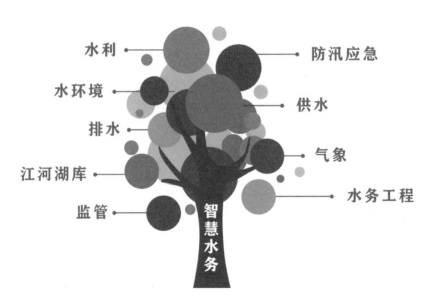

▲ 智慧水务环环相扣

（2）智慧水务在海绵城市中的应用，可以满足海绵城市绩效评价方面、合理运维方面、防灾减灾方面的各种需求[5]。

（3）智慧水务可以借助监控功能、数据存储分析功能、辅助性的决策功能、预警报警功能、应急预案和应急演练功能等，提升紧急事件方面的防范能力与处理能力，最大限度地降低灾害事件的发生率，并且在发生灾害事件之后以最快的速度开展应急处置工作，加快响应机制，达到防灾减灾的效果。

什么是实时洪涝风险图？

实时洪涝风险图是在传统洪涝分析模型的基础上，接入气象预报及实时监测数据，结合信息化手段及平台，实现洪涝风险的实时、动态地预报和分析、模拟及可视化。

实时洪涝风险图可以指导合理制定防洪指挥方案，合理评价各项防洪措施的经济效益，合理估计洪灾损失，为防洪保险提供依据。

▼ 洪涝风险实时监控

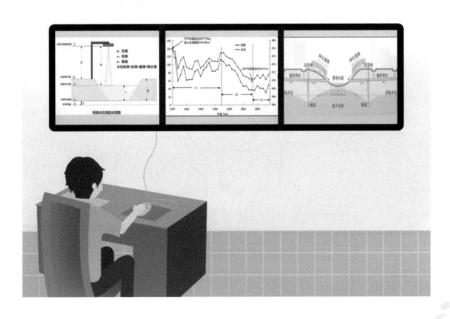

30 如何利用人工智能大数据进行洪水预报预警？

　　基于人工智能大数据挖掘的城市洪涝预报预警技术旨在从大量历史实测城市洪涝数据中揭示出具有潜在利用价值信息的过程。它主要基于数据库、人工智能、概率统计、数据可视化等技术，通过设计相应数据挖掘算法，高效且自动化地对历史实测大数据进行分析，并作出归纳性的推理，以此运用到城市洪涝过程模拟或洪涝预报之中，并结合大数据媒介向潜在受灾群体提供靶向警示。

▼　人工智能大数据网络关系

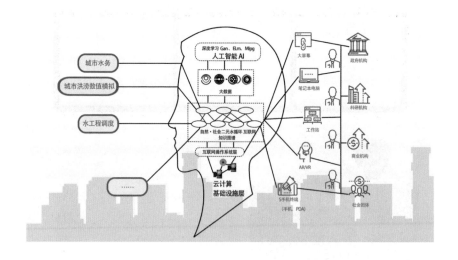

什么是智能感知？

智能感知是在传统监控设备上集成 AI 智能识别与分析算法，实现智能化的感知。比如在视频监控中集成了图像及行为识别算法，实现漫堤洪水、道路积水事件的自动分析，从而报警提示用户。通过适应高密度城市的洪涝监测成套装备，如声波雨量计、积水监测设备、管井液位计、声波水位计等，实现暴雨洪涝全流域、全过程、全要素智能感知。

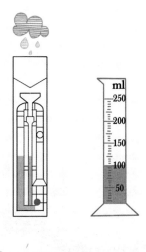

△ 声波雨量计

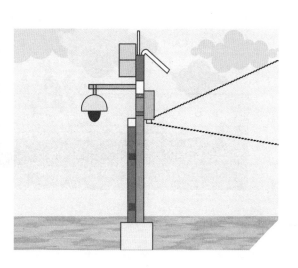

▽ 声波水位计

什么是深隧工程?

深隧工程全称为深层隧道排水系统,一般指通过建设在地面以下超过 20m 的深层空间的排水隧道进行雨水的调蓄、排放,主要由调蓄隧道、入流竖井、通风设施和排泥设施等组成,是一种行之有效的城市内涝防治工程措施。深隧工程具有城市内征地拆迁量较少的优点,但与此同时,也存在工程量巨大、投资费用多、能源消耗和运行费用高等制约因素。

▼ 地下深层隧道排水系统

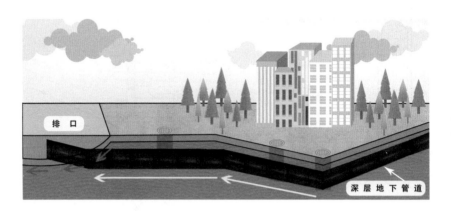

排 口

深层地下管道

33 什么是 VR 交互式洪涝逃生演练系统？

　　VR 交互式洪涝逃生演练系统是通过 VR 模拟城市洪涝灾害、河道洪涝水灾的现场和逃生自救演练的过程，首先会让用户能以第一人称视角身临其境地感受到洪涝灾害的恐怖和无情，深化对洪涝灾害的认知；同时可以通过 VR 逃生演练让用户自主实践起来，充分了解洪涝灾害发生后正确和错误的逃生方式，从而有效提升科学防洪效果。此外，该系统还能面向专业救灾人员进行救灾工作的演练，提高救灾成效。

 通过 VR 设备沉浸式体验洪涝场景

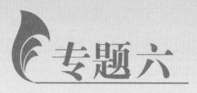

专题六

城市洪涝
灾害应对新措施

新时期城市洪涝防治目标有什么？

　　任何防洪排涝体系都有设计标准，极端超标准暴雨产生的灾害是不可避免的。洪涝灾害不存在根治的说法，类似郑州"7·20"这样的极端暴雨，放在全国任何一个城市，都会发生"看海"现象。未来城市暴雨洪涝防治不是杜绝"看海"，而是采用新的治理理念，实现"防御体系有韧性、基础设施有韧性、极端暴雨少损失"三大目标。

　　提高防御体系韧性主要通过提高城市防洪排涝工程体系的防御能力，构建多维城市洪涝防御工程体系实现。提高基础设施韧性主要通过提高重要基础设施的防御能力，把洪涝安全作为城市开发建设的刚性约束实现。减少极端暴雨损失主要通过提升超标准暴雨应急管理能力，提升公众应急避险能力实现。

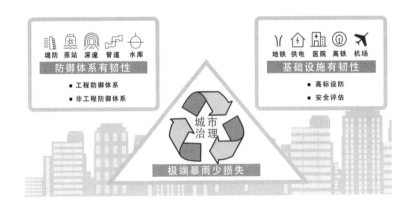

▲ 城市洪涝防治有目标

35 城市防洪排涝工程体系的防御能力应该如何确定？

　　城市防洪排涝工程体系的防御能力应与城市发展水平相适应，对于人口经济密度高的发达城市，应适当提高城市防洪排涝工程体系的防御能力。但城市防洪排涝体系建设标准并不是越高越好，若一味追求高标准，最后建立的体系可能耗费了大量人力物力财力，效益却较低。城市防洪排涝体系建设标准需要在充分科学论证防洪排涝基础设施资金投入与防御能力提升的最佳经济效益比的基础上确定。

城市防洪排涝体系应与城市发展水平相适应

多维城市洪涝防御工程体系由什么构成？

多维城市洪涝防御工程体系，具体可以概括为"滞、蓄、截、挡、疏、扩、抽、调"多种措施。

滞：源头蓄滞，通过绿色屋顶、雨水花园、地面透水铺装等手段，进行源头控制，降低产汇流的峰值，减轻排涝压力。

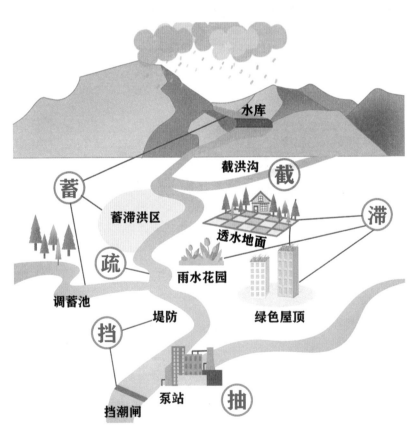

构建多维城市洪涝防御工程体系

蓄：水库挖潜或者新建水库；设置蓄滞洪区（湿地公园）；建设分散式雨水调蓄池（下凹式绿地、下凹式广场）；建设深层隧洞。

截：高水截排，减轻河道防洪压力，有效防止山水进城。

挡：加高加固堤防。

疏：疏通河道阻挡物，使洪涝水排放顺畅。

扩：管网扩容，提高排水标准。

抽：低水抽排，在河口建泵强排，及时将河涌的洪水排走，降低河道水位。

调：优化水工程调度，如雨前预警预报，提前预降水库、河道水位。

37 重要基础设施的防御能力
如何确定?

重要基础设施的防御能力设防标准应不低于城市洪涝设防标准,另外还需遵守相关的行业标准、规范要求并制定独立的应急预案。

比如地铁站的排水,根据《地铁设计规范》(GB 50157—2013)[6]中"14.3 排水"的相关规定:

(1)地面车站、高架车站屋面排水管道的排水设计重现期应按当地10年一遇的暴雨强度计算,设计降雨历时应按5min计算;屋面雨水工程与溢流设施的总排水能力不应小于50年重现期的雨水量。

(2)高架区间、敞开出入口、敞开风井及隧道洞口的雨水泵站、排水沟及排水管渠的排水能力,应按当地50年一遇的暴雨强度计算,设计降雨历时应按计算确定。

▲ 提高重要基础设施防御能力

38 如何将洪涝安全作为城市开发建设的刚性约束?

面对日益严峻的洪涝形势，尤其在高密度城市化地区，应丰富"以水定城"的内涵，在"水资源"刚性约束的基础上，进一步把防洪排涝作为城市开发建设的刚性约束。

（1）强化海绵城市建设，严格工程审批。把"年径流总量控制率"作为城市建设的刚性约束。如规定"建设后的雨水径流量不超过建设前的雨水径流量""新建工程硬化面积达 1 万 m^2 以上的项目，每万平方米硬化面积应当配建不小于 500m^3 的雨水调蓄设施。"

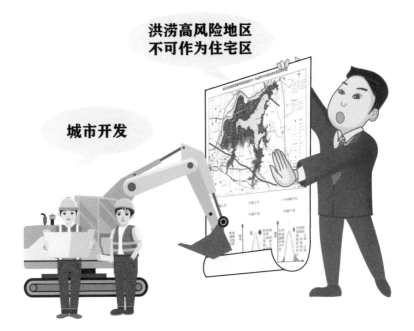

 洪涝风险评估作为城市开发前提

（2）把建设项目洪涝风险评估作为城市规划和重要项目建设的前置条件。就像涉水项目必须做防洪评价，因为在河道中建设项目，会壅高河道水位，对城市洪涝产生影响。但地面建设对防洪排涝的影响往往被忽视。地面建设可能占用蓄水空间，导致下垫面硬化，改变产汇流格局，同样会对洪涝产生影响，重大工程必须严格审批。

39 如何提升超标准暴雨应急管理能力？

　　超标准暴雨引起洪涝灾害是不可避免的，政府、社会应急管理能力是超标准极端暴雨条件下减少人员伤亡和经济损失的关键要素。

　　（1）加强"四预"（预报、预警、预演、预案）体系建设，以提升超标准暴雨应急管理能力。加强预报预警体系建设，即在实时动态监测和实时动态风险图的基础上，开展快速滚动预报、精准靶向预警、应急调度决策。

　　（2）利用适应高密度城市的洪涝监测设备，做到暴雨洪涝全流域、全过程、全要素智能感知。

　　（3）强化洪涝灾害防御科普，提升公众应急避险能力。

▼　防洪演练模拟逃生转移

40 如何提升公众应急避险能力？

当前技术水平条件下，短临暴雨预报、洪涝预报不可避免存在误报和漏报，因此在面临极端天气条件时，公众的洪涝灾害风险意识和自救能力极其重要，可利用洪涝风险图向社会公布、线上线下普及暴雨洪涝风险源及避险常识、科普基地教育等措施，加强对公众的洪涝灾害应急避险培训，提高群众的防灾减灾意识，科学指导群众学会正确的自保方式，增强危险状态下的自救能力、互助能力和理智行为能力，提高恶劣环境下公众自身对洪涝灾害的适应性。

▼ 科普洪涝灾害逃生知识

41 洪水保险能发挥什么作用？

　　洪水保险是财产保险的一种特殊形式。它是对因洪水造成的投保人或被保险人财产损失，由保险人负责在事先约定的限额内承担经济补偿责任的一种保险，是对洪水灾害引起的经济损失所采取的一种由社会或集体进行经济赔偿的办法。

　　洪水保险虽不能减小损失的具体值，却可以使部分地区一次性遭受的洪灾损失在较大范围和较长时间内进行分摊，使投保户受灾后能及时得到经济补偿，有利于尽快恢复生产、重建家园，维持社会生活的安定，是一项重要的防洪非工程措施。

▼ 洪水保险有保障

专题七

公众如何
应对洪涝灾害？

42

通过哪些渠道可以获取城市洪涝预警信息？

　　一旦出现自然灾害、事故灾难、公共卫生、社会安全等突发事件，当达到相应的预警发布级别时，预警发布责任单位依托突发事件预警信息发布系统，通过中国气象局发布突发事件预警信息的"12379"短信、电话、邮件、传真、网站、广播、电视、即时通信工具、户外媒体、人防警报、车载信息终端等渠道，向政府应急责任人、应急联动部门应急责任人和社会公众发送相关预警信息。为保证预警信息安全、稳定、及时发布，各级预警信息发布中心实行全天24小时专人专岗值守。

▼　　通过线上渠道获取洪涝预警信息

43 家庭应对洪涝灾害日常应准备哪些应急物资？

为应对频发的城市洪涝问题，我们应在家中准备一些应急物资：

（1）手机、收音机等可以接收天气预报、洪涝预警信息的工具。

（2）哨子、喇叭等被困时可以求救的工具。

（3）手电、照明灯等可以在黑暗情况下提供光线的工具。

（4）简单医疗物品，在不慎受伤时进行处理。

（5）救生衣和救生圈等防止溺水的保护工具。

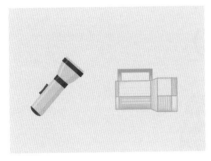

△ 照明工具

△ 救生工具

 求救工具

△ 通信工具

44 可以拨打的急救电话有哪些?

可以拨打的急救电话有 110、119、120 等。

（1）110 是我国的公安报警电话，负责受理紧急性的刑事和治安案件报案，并接受群众突遇的或个人无力解决的紧急危难求助等。

（2）119 是消防报警电话，在遇到火灾、危险化学品泄漏、道路交通事故、地震、建筑坍塌、重大安全生产事故、

119

医疗急救

120

消防报警

空难、爆炸、恐怖事件、群众遇险事件，水旱、气象、地质灾害、森林、草原火灾等自然灾害，矿山、水上事故，重大环境污染、核与辐射事故和突发公共卫生事件时均可拨打消防报警电话。

（3）120 为中国大陆急救电话号码，是全国统一的急救号码。

公安报警

45 暴雨天应注意哪些用电问题？

暴雨天气由于室内进水、空气潮湿等原因极易引发用电事故，应注意以下问题：

（1）空气潮湿时，电器（特别是老化的电器）内部灰尘杂质因潮湿变成导电体，当电器通电后，浸湿的灰尘杂质易被电流击穿，引起燃烧，所以电器应按时进行内部除尘。

（2）电源插头接触不良，遇水或潮湿时，插头正负极会

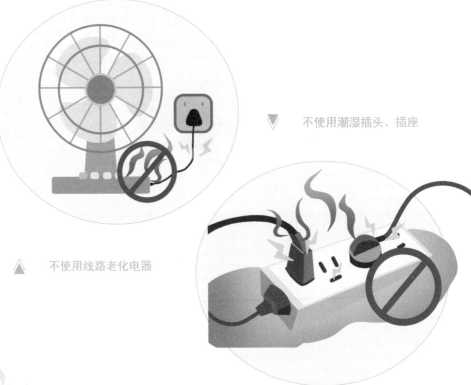

▼ 不使用潮湿插头、插座

▲ 不使用线路老化电器

产生大量的电流，容易引发火灾，所以插头要插实。

（3）雷雨天气下，家中电器、充电设备可能因为雷击而意外起火，所以电线应做好防护措施。

（4）雷雨天气下尽量不使用带信号的电子设备，防止雷击触电。

（5）电器不运行时要及时切断电源。

雷雨天气不使用电子设备

雷雨天气不能充电

46 暴雨积水天出行应注意什么?

暴雨积水天气出行,应注意以下问题:

(1)应尽量不再赶路,并尽快到地势较高的建筑物中避雨。

(2)不要在涵洞、立交桥、低洼区、较高的墙体、树木下避雨。

(3)时刻注意路边警示标志的同时,也要随时注意下水井的位置,避免掉入缺失井盖的下水井中。

▲ 转移到高处

▼ 远离下水井

严禁靠近

（4）避开灯杆、电线杆、变压器、电力线及其附近的树木等有可能导电的物体。

（5）经过积水地区时，发现高压线铁塔倾斜或者电线断头下垂时，一定要迅速远离，必须绕行并及时报告相关部门。

（6）开车时应密切关注防汛警示标志，切忌冒险涉水。如果车在深水中熄火，不要再启动发动机以防进水，应及时下车逃生。

◀ 行车注意隧道积水警戒线

▶ 远离高压线

发生洪涝时被困车内如何逃生？

发生洪涝灾害时，我们可能被困车中甚至淹没在水中，这时千万不要惊慌，可以按照下面方法进行自救：

（1）第一时间尝试开车门。车门可以打开，就迅速逃离。现在大部分车门是电子控制，一旦汽车断电，车门会自动锁上。所以，汽车落水时要马上打开车门解锁键，避免因断电而锁死。

（2）摇下车窗。如果车门无法打开，要尝试将车窗迅速摇下，让水进入车内，车内外水压一致后打开车门逃生。即便是车门受损或无法开启，也可以迅速从车窗爬出去逃生。

▼ 砸车窗逃生

▲ 站在被淹没车顶等待救援

（3）砸车窗。如遇到车窗和车门都打不开的情况，应采用砸车窗方式逃生，所以车内一定要常备安全锤、破窗器等工具，放在车内随手可及的地方。注意，砸车窗时要砸侧窗，前挡风玻璃是双层，不易砸破。落水时离哪个车窗近就砸哪个，砸的时候应该砸玻璃的四个角。

（4）逃离成功后应迅速转移到安全区域，若无法及时转移，可站在车顶上进行呼救，等待救援。

48 救助落水者时应注意的 事项有哪些?

救助落水者，首先应保障自身安全，根据自己的实际能力进行救助[7]：

（1）如果救助者不习水性，千万不能贸然下水，可以寻找附近的人并大声呼喊寻求帮助。若附近没人，可寻找身边可漂浮的物体扔下河帮助落水者漂浮。

（2）如果救助者稍习水性，可以使用竹竿、绳子等结实物品，抓住一端，将另一端扔到落水者身边，借助水的浮力将落水者拉到岸边，救助时尽量趴在岸边，避免被拉入水中。

（3）如果救助者水性很好，可以下水救助。如果条件允许，可携带有浮力的物品，脱去衣裤和袜子，游到落水者身边深吸一口气潜入水中并从落水者背后施救，这样不至于被对方拖住。当救助遇到意外时，如被落水者缠住，要说服落水者冷静，必要时重击落水者后脑使其昏迷再进行救援。

借助工具救助落水者

49 洪涝过后要注意哪些事项?

洪水过后，要做好各项卫生防疫工作，预防疾病的传播:

（1）不喝生水，只喝开水或符合标准的瓶装水、桶装水以及经漂白粉等处理过的水。

（2）不吃腐败变质的食物，不吃淹死、病死的禽畜。

（3）注意环境卫生，不随意丢垃圾。

（4）避免手脚长时间浸泡在水中，尽量保持皮肤清洁干爽，预防皮肤溃烂和皮肤病。

▲ 做好灾后防疫工作

（5）做好防蝇防鼠灭蚊工作，预防肠道和虫媒传染病。

（6）勤洗手，不共用个人卫生用品。

（7）如出现发热、呕吐、腹泻、皮疹等症状，要尽快就医，防止传染病暴发流行。

（8）在血吸虫病流行区，尽量不接触疫水，必须接触时做好个人防护[8]。

▼ 注意灾后食品安全问题

受灾者如何进行灾后心理建设?

洪涝灾害过后,受灾者可能因为生命健康威胁、财产损失、失去亲人等原因产生焦虑、惊恐、沮丧、悲伤等心理障碍,所以对于受灾者的灾后心理建设非常重要。可以从下面几个方面来做:

(1)对自己的好友或者亲人倾诉,将内心的感受说出来,这样能让自己内心的焦虑获得一定程度的释放。

▼ 安抚受灾者情绪

（2）做自己感兴趣的事，如运动或者听舒缓的音乐，这样可以放松心情，转移注意力。

（3）不要勉强自己去遗忘，要知道心里伤痛会有一个阶段，这是正常现象，进行积极的心理暗示。

（4）要有充足的睡眠和休息，尽力使自己的生活恢复正常。

（5）当发现自己容易出现应激反应，心理障碍不能通过简单的沟通或者自我调节缓解时，应求助正规医疗机构的心理医生，必要时配合药物进行治疗。

参 考 文 献

[1] 程伟.城市防洪排涝体系建设存在的问题与对策[J].科技展望,2016,26(14):43.

[2] 中华人民共和国住房和城乡建设部.海绵城市建设技术指南——低影响开发雨水系统构建(试行)[M].北京:中国建筑工业出版社,2015.

[3] 陈文龙,徐宗学,宋利祥,等.基于流域系统整体观的城市洪涝治理研究[J].水利学报,2021,52(6):659-672.

[4] HOLLING C S. Resilience and stability of ecological systems[J].Annual Review of Ecology and Systematics, 1973, 4: 1-23.

[5] 许友芹,张甫田.智慧水务在海绵城市中的应用[J].科技创新与应用,2021,11(21):158-160.

[6] 中华人民共和国住房和城乡建设部,中华人民共和国国家质量监督检验检疫总局.地铁设计规范:GB 50157—2013[S].北京:中国建筑工业出版社,2014.

[7] 侯精明,王娜,等.洪涝灾害自救互救一本通[M].北京:中国水利水电出版社,2021.

[8] 中华人民共和国应急管理部.洪水逃生:洪涝过后要注意哪些事项?[EB/OL],(2020-09-11)[2020-09-11], https://www.mem.gov.cn/kp/yjzn/202009/t20200911_365525.shtml.

责任编辑　冯红春

微信号：悦读水电

官方微信服务平台

销售分类：水利水电

ISBN 978-7-5226-0678-1

9 787522 606781 >

定价：38.00 元